JOSE CARLOS POMA LOAYZA
CARLOS POMA RAMOS
GUSTAVO RICHARD VELIZ ESPINOZA

POLÍMERO DE POLIACRILAMIDA (PAM) NA ESTABILIZAÇÃO DE SOLOS

JOSE CARLOS POMA LOAYZA
CARLOS POMA RAMOS
GUSTAVO RICHARD VELIZ ESPINOZA

POLÍMERO DE POLIACRILAMIDA (PAM) NA ESTABILIZAÇÃO DE SOLOS

UM ESTUDO WFP PARA A ESTABILIZAÇÃO DE SOLOS EM ESTRADAS

ScienciaScripts

Imprint

Any brand names and product names mentioned in this book are subject to trademark, brand or patent protection and are trademarks or registered trademarks of their respective holders. The use of brand names, product names, common names, trade names, product descriptions etc. even without a particular marking in this work is in no way to be construed to mean that such names may be regarded as unrestricted in respect of trademark and brand protection legislation and could thus be used by anyone.

Cover image: www.ingimage.com

This book is a translation from the original published under ISBN 978-613-9-40669-2.

Publisher:
Sciencia Scripts
is a trademark of
Dodo Books Indian Ocean Ltd. and OmniScriptum S.R.L publishing group

120 High Road, East Finchley, London, N2 9ED, United Kingdom
Str. Armeneasca 28/1, office 1, Chisinau MD-2012, Republic of Moldova, Europe
Printed at: see last page
ISBN: 978-620-7-77743-3

ÍNDICE

RESUMO

O problema geral desta pesquisa foi: *Qual a influência da* aplicação do polímero poliacrilamida (PAM) na estabilização do solo das estradas vicinais da Província de Angaraes?- *O objetivo geral* do estudo foi: Determinar a influência da aplicação do polímero poliacrilamida (PAM) na estabilização do solo das estradas vicinais da Província de Angaraes - Huancavelica, e a *hipótese geral*: A aplicação do polímero poliacrilamida (PAM) na estabilização do solo das estradas vicinais da Província de Angaraes - Huancavelica influenciará as propriedades físico-mecânicas.O método geral de investigação foi científico, do tipo aplicativo, nível de pesquisa descritivo-explicativo, delineamento quase-experimental, a população foram todas as estradas vicinais da Província de Angaraes e a amostra não probabilística foi constituída pela estrada vicinal Secção Lircay - Jatumpata - Mitoccasa -Dv. A investigação concluiu que a aplicação do polímero poliacrilamida (PAM) no material da pedreira influencia as suas propriedades físico-mecânicas, melhorando a sua vida útil e reduzindo o seu intervalo de intervenção (manutenção periódica).

Palavras-chave: Polímero, Poliacrilamida (PAM), Estabilização do solo, Níveis de serviço.

INTRODUÇÃO

As estradas não pavimentadas de baixo volume no Peru estão mais deterioradas do que noutros países devido ao elevado custo de investimento para a sua manutenção. Na Província de Angaraes, devido às fortes chuvas nos meses de dezembro a março, as plataformas das suas estradas locais deterioram-se rapidamente, razão pela qual o presente estudo intitulado **"APLICAÇÃO DE POLÍMEROS DE POLIACRILAMIDA (PAM) NA ESTABILIZAÇÃO DO SOLO NAS ESTRADAS DA PROVÍNCIA DE ANGARAES - HUANCAVELICA"** para a melhoria das propriedades físico-mecânicas do solo.

A presente investigação é composta por cinco capítulos, que são os seguintes: **CAPÍTULO I:** O primeiro capítulo descreve a problemática d a investigação, onde se formula o problema geral e os outros problemas específicos, justifica, delimita e posteriormente determina os objectivos.

CAPÍTULO II: No segundo capítulo é desenvolvido o enquadramento teórico, onde é ilustrado o contexto nacional e internacional com as definições dos termos; neste ponto, são apresentadas as hipóteses e as variáveis da investigação, que são importantes para o desenvolvimento desta investigação.

CAPÍTULO III: O terceiro capítulo faz parte da metodologia de investigação, que descreve o método de investigação, o tipo de investigação, o nível de investigação, a conceção da investigação, a população, a amostra, as técnicas e os instrumentos de recolha de dados.

CAPÍTULO IV: O quarto capítulo apresenta em pormenor os resultados da investigação, obtidos a partir dos ensaios laboratoriais de mecânica dos solos, bem como os resultados da investigação. A pedreira principal, bem como a combinação com polímero de poliacrilamida e a avaliação do nível de serviço da estrada local.

CAPÍTULO V: O quinto capítulo contém a discussão dos resultados, onde os resultados obtidos são analisados e avaliados. Seguem-se as conclusões da investigação, as recomendações, as referências bibliográficas e, finalmente, os anexos. Bach. JOSE CARLOS POMA LOAYZA

CAPÍTULO I

O PROBLEMA DA INVESTIGAÇÃO

1.1. Abordagem do problema

Nos países da América Latina, as infra-estruturas de transporte são deficientes em termos de estradas não pavimentadas, que se deterioram devido à pouca manutenção necessária para manter os níveis de serviço, em comparação com as infra-estruturas rodoviárias europeias.

No Peru, as estradas não pavimentadas de baixo volume de tráfego são de grande importância para o desenvolvimento local, regional e nacional, uma vez que têm 90232 km de superfície rodoviária a nível nacional. Um dos problemas mais importantes a nível nacional é o elevado custo do investimento para a manutenção destas estradas.

RED VIAL (N° Rutas)	EXISTENTE POR TIPO DE SUPERFICIE DE RODADURA				PROYECTADA	TOTAL	
	PAVIMENTADA	NO PAVIMENTADA		SUB TOTAL			
		Afirmada	Sin Afirmar				
NACIONAL (130)	14,747.74	7,631.51	2,214.16	24,593.40	1,901.29	26,494.69	17.7%
DEPARTAMENTAL (386)	2,339.72	14,263.37	7,632.04	24,235.12	4,794.49	29,029.62	19.4%
VECINAL (6,244)	1,611.10	19,231.34	71,001.39	91,843.83	2,291.83	94,135.66	62.9%
TOTAL	18,698.56	41,126.21	80,847.59	140,672.36	8,987.61	149,659.97	100%

Figura 1. Sistema Rodoviário Nacional no Peru Fonte: Direção Geral de Estradas e Caminhos de Ferro.

A avaliação de um pavimento rodoviário de baixo volume de tráfego baseia-se na análise de custo-benefício realizada pelo Estado e determina a viabilidade do projeto, a maioria dos quais não são sustentáveis, alguns dos quais têm operação e manutenção, estes custos operacionais são muito elevados. A Província de Angaraes tem

1500 km de estradas locais, dos quais apenas 10% são mantidos pelo Instituto Provincial de Estradas de Angaraes. Um problema fundamental é a manutenção do seu nível de serviço, o que se repercute nos elevados custos de manutenção e de investimento do Estado. Estas estradas locais na Província de Angaraes têm um IMDA (Índice Médio Diário Anual de Circulação) médio de 20 a 60 viaturas/dia, o que impede maiores investimentos na manutenção ou reabilitação destas estradas.No Distrito de Lircay nos meses de dezembro, janeiro, fevereiro e março, devido às chuvas intensas, as plataformas das suas estradas locais deterioram-se rapidamente, formando buracos, sulcos, cio e perda de bombeamento; e os materiais de origem das estradas locais são constituídos por materiais argilosos susceptíveis à água. De acordo com os regulamentos actuais, a manutenção periódica tem um intervalo de intervenção de 4 em 4 anos. No entanto, como estas estradas utilizam materiais argilosos e susceptíveis à água, deterioram-se rapidamente, sendo um dos principais factores a pluviosidade (factores climatológicos). A eficácia deste tipo de intervenção é inferior a 10 meses, o que gera custos para o Estado e deficiências nos níveis de serviço. El Vía Vecinal: Lircay - Jatumpata - Mitoccasa -Dv. Ccollpa - Pitinpata

- Perccapampa, Província de Angaraes, Departamento de Huancavelica, é uma estrada de baixo volume de tráfego com um IMDA de 54veículos/dia, que tem um comprimento de 16+670 km. Esta estrada tem um pavimento de 15 cm de espessura, com uma largura de plataforma de 4,00 m com bermas nas extremidades de 0,50 m, bem como valas junto ao talude do terreno de uma largura de 0,75 m por 0,30 m de altura.

Em 2019, foi efectuada uma manutenção periódica nesta estrada, que rapidamente sofreu uma erosão rápida devido a fortes chuvas, o que provocou a desagregação dos agregados, buracos, sulcos e sulcos. Em fevereiro de 2020, iniciou-se a manutenção de rotina, onde se verificou que ao fim de alguns meses a estrutura do pavimento se tinha deteriorado: Atualmente, os níveis de serviço desta estrada do bairro estão em muito mau estado, gerando desconforto entre os transportadores e os habitantes da zona, razão pela qual se propõe a utilização de uma solução básica (polímero de poliacrilamida PAM) como recomendado no documento técnico sobre soluções básicas para estradas não pavimentadas para aumentar as propriedades do solo devido à rápida deterioração da superfície da estrada devido aos efeitos do tráfego e do clima; e também o critério de redução da utilização de materiais de outros locais.

1.2. Formulação e sistematização de problemas

1.2.1. Problema geral

Como é que a aplicação do polímero de poliacrilamida (PAM) influencia a estabilização do solo em estradas locais na província de Angaraes - Huancavelica?

1.2.2. Problemas específicos

a. Qual é o comportamento do Índice de Plasticidade de um solo estabilizado com a aplicação de polímero de poliacrilamida (PAM)?
b. Quais são os valores de capacidade de carga (CBR) obtidos em solos estabilizados com a aplicação de polímero de poliacrilamida (PAM)?
c. Como é que a aplicação do polímero de poliacrilamida (PAM) pode melhorar os níveis de serviço?

1.3. Justificação

1.3.1. Prática ou social

A investigação beneficiará positivamente os beneficiários directos e indirectos da área de estudo, melhorando o nível de conforto dos viajantes, reduzindo o tempo de viagem, reduzindo as tarifas, e/ou muitos outros efeitos positivos.

Melhorará socialmente, porque tem um impacto na produção agrícola, para levar dos centros de produção para o mercado, rentabilizando os seus rendimentos, o seu estatuto familiar e social, no presente e no futuro.

1.3.2. Científico ou teórico

A justificação é que existem estudos técnicos e científicos de novas tecnologias de estabilização do solo, que só são aplicáveis a estradas com grandes volumes de tráfego, como as estradas departamentais e nacionais. A importância da sua aplicação em estradas de baixo volume de tráfego é um desafio de investigação. Demonstrar que são economicamente mais rentáveis ao longo do tempo, em comparação com os métodos tradicionais, e com poupanças nos custos de operação e manutenção e na vida útil do projeto.

1.3.3. Metodológico

Dados os resultados positivos da investigação e com a aplicação dos procedimentos laboratoriais utilizados para demonstrar a validade, estes servirão para futuras investigações que envolvam a aplicação de polímeros de poliacrilamida (PAM).

1.4. Delimitação

1.4.1. Espaço

Na presente investigação, o desenvolvimento espacial da estrada do bairro: Lircay - Jatumpata - Mitoccasa -Dv. Ccollpa - Pitinpata - Perccapampa.

• Região : Huancavelica

• Província : Angaraes

• Distrito : Lircay

• Localidade Lircay - Jatumpata - Mitoccasa - Dv.

Ccollpa - Pitinpata - Perccapampa

1.4.2. Temporário

A presente investigação foi desenvolvida no ano de 2021, bem como tendo como precedente projectos e investigações executados a nível nacional e anteriormente desenvolvidos de 2015 a 2021.

1.4.3. Económico

As despesas inerentes à realização desta investigação, incluindo os trabalhos de campo e de laboratório, serão suportadas integralmente pelo investigador.

1.5. Limitações

1.6. Objectivos

1.6.1. Objetivo geral

Determinar a influência da aplicação do polímero poliacrilamida (PAM) na estabilização de solos em estradas locais na província de Angaraes - Huancavelica.

1.6.2. Objectivos específicos

a) Analisar o comportamento do índice de plasticidade de um solo estabilizado com a aplicação de polímero de poliacrilamida.

b) Avaliar os valores de capacidade de suporte (CBR) obtidos em solos estabilizados com a aplicação de polímero de poliacrilamida (PAM).

c) Explicar de que forma a aplicação do polímero de poliacrilamida (PAM) melhoraria os níveis de serviço.

2.1. Antecedentes

2.1.1. Antecedentes Nacionais

(Villanueva Flores, 2017) Na sua tese de mestrado em Infra-estruturas Rodoviárias, **intitulada** "Proposta de estabilização de estradas de baixo volume de tráfego nas terras altas, acima de 2000 m.a.s.l., utilizando poliacrilamida aniónica, organosilano e um sulfonato", estabelece como **objetivo geral:** Propor opções para melhorar o comportamento dos solos com base em estudos experimentais em estradas de baixo volume de tráfego. Aplicação da **metodologia** baseada num desenho experimental, devido ao facto de serem incorporadas no estabilizador de solos diferentes doses de cada um dos três estabilizadores de solos. Obtiveram-se **resultados** em que os solos combinados com poliacrilamida aniónica têm um melhor comportamento que a brita argilosa com areia com um PI de 11, apresentando igualmente um aumento da capacidade de suporte. Finalmente, **conclui-se** que o CBR do material natural da pedreira de 27,4% foi aumentado para 86,3% com o polímero de poliacrilamida. (Nesterenko Cortes, 2018) Na sua tese de mestrado em Engenharia Civil com menção em Estrada **intitulada** "Performance of polymer-stabilised soils in Peru", estabelece como **Objetivo Geral:** Identificar os resultados dos solos ensaiados no seu estado natural em relação aos solos estabilizados com polímero PAM nas mesmas condições. Aplicar a **metodologia** baseada na interpretação dos resultados dos ensaios de laboratório. Obtendo **resultados** onde se observou que em todos os solos ensaiados a percentagem de CBR é superior a 45%. Por fim, **conclui-se** que o polímero de poliacrilamida PAM é uma solução alternativa para solos com baixa capacidade de suporte, aumentando seu CBR em mais de 20% em média e reduzindo o Teor de Umidade Ótimo, gerando uma economia de água na execução da estabilização. (CHAVEZ Pajuelo, 2018) Em sua tese de graduação **intitulada** "estudo comparativo utilizando o aditivo PROES e CONSOLID para estabilização de solos em estradas vicinais", estabelece como **Objetivo Geral:** Avaliar a influência da aplicação dos aditivos PROES e CONSOLID na estabilização de solos em estradas vicinais. Aplicando a **metodologia** baseada num desenho quase-experimental. Obtendo **resultados** que ao aplicar o aditivo PROES, a sua capacidade de suporte aumentou para 45,7% ao contrário do aditivo CONSOLID, que obteve um CBR de 36,2% a 95% do MDS. Por fim, **conclui-se** que os aditivos PROES e CONSOLID melhoraram consideravelmente as propriedades mecânicas do solo, obtendo um CBR de 45,7% e 36,2% em comparação com o solo natural que obteve 3,8% a 95% da MDS. Além disso, registou-se uma redução do PI até 50%. (HUAMANI Gamarra, et al., 2018) em suas teses de graduação **Intitulado** "Aplicação de estabilizador Z com polímero no aumento do valor do CBR do material utilizado como pavimento na estrada departamental ap-103, Ullpuhuaycco - Seção da ponte Karkatera (L = 14,050 kms) Abancay-Apurímac 2018" define como **Objetivo Geral: Determinar** se existe um aumento no valor do CBR do material utilizado como pavimento com a aplicação de estabilizador Z com polímero. Aplicando a **metodologia** que responde ao paradigma positivista experimental. Obtendo **resultados** onde o valor da capacidade de suporte da amostra inalterada foi de 15,44% e quando se adicionou o estabilizador Z com polímero, aumentou para 18,57% a 100% da Densidade Seca Máxima. Finalmente, **conclui-se** que a aplicação do estabilizador Z com polímero aumenta positivamente a curva de tensão de penetração, o que mostra que há um aumento no valor do CBR. (Baldeon Sauñe, 2019) Em sua tese de graduação

intitulada "Análise do uso de areia de sílica na estabilização do subleito" define como **Objetivo Geral:** Analisar os resultados da utilização de areia de sílica na estabilização do subleito. Aplicando a **metodologia** baseada num desenho quase-experimental em que as variáveis não podem ser controladas ou manipuladas. Obtiveram-se **resultados** positivos onde uma combinação de C-50% de areia de sílica obteve um CBR de 15,50% em comparação com o material de sub-base que obteve 2,8% de CBR, o que não é adequado. Finalmente, **conclui-se** que a combinação do material de subleito com areia de sílica melhora as propriedades do solo, aumentando a sua capacidade de suporte, sendo uma solução alternativa para subleitos inadequados.

2.1.2. Antecedentes internacionais

(Aguilar Castañeda, et al., 2015) Na sua tese de licenciatura **intitulada** "Revisão do estado da arte do uso de polímeros na estabilidade do solo", define como **objetivo geral:** Realizar uma pesquisa de técnicas para a melhoria do solo através da aplicação de polímero a nível nacional e internacional. Aplicar a **metodologia** baseada na recolha de informação sobre questões de estabilização de solos. Obtenção de **resultados** onde o solo melhorado tende a aumentar a resistência à compressão e à tração. Por fim, **conclui-se que** o uso de polímeros como produto estabilizante aumenta as propriedades físicas e químicas do solo tratado, como resistência, CBR, durabilidade e outros. (ALTAMIRANO Navarro, et al., 2015) Em seu trabalho monográfico para obtenção do título de Engenheiro Civil **intitulado "**Estabilização de solos coesivos por meio de cal nas estradas da comunidade de San Isidro del Pegón, município de Potosí-Rivas", estabelece como **Objetivo Geral:** Estabilizar com cal hidratada os solos coesivos das estradas da Comunidade de San Isidro de Pegón, Potosí. Aplicando a **metodologia de** compilação e avaliação dos pontos críticos das estradas. Obtendo

resultados onde devido à combinação de cal hidratada e solo argiloso este reagiu exotermicamente produzindo um aumento significativo na capacidade de suporte. Finalmente, **conclui** que com uma combinação de 9% de cal com o material coesivo, são obtidos maiores resultados na expansão ou inchaço, alcançando uma redução de 61%.(RAMOS vasquez, et al., 2019) Em sua tese de graduação **intitulada** "Estabilização do solo por meio de aditivos alternativos", estabelece como **objetivo geral:** Analisar as propriedades do subleito, aplicando cinzas de carvão e cal como aditivos alternativos. Aplicar a **metodologia** baseada na compilação de informações sobre o solo tratado. Obtendo **resultados** em que a cal com uma proporção de 10% é a que suporta o maior esforço máximo e em relação ao preço - qualidade é a melhor opção enquanto que para a cinza de carvão com uma proporção de 40% obteve melhores resultados. Finalmente, **conclui-se** que a combinação dos aditivos propostos com o material de subleito melhora o comportamento mecânico e é uma opção no que respeita à relação resistência/custo.

2.2. Quadro concetual

2.2.1. Sistema rodoviário do Peru

No Peru, as estradas são constituídas por um sistema rodoviário que é a Rede Rodoviária Nacional, a Rede Rodoviária Departamental e, finalmente, a Rede Rodoviária de Vizinhança, que desempenham as seguintes funções

2.2.1.1. Diagrama rodoviário

O diagrama rodoviário apresenta referências geográficas que mostram a localização de uma estrada, indicando o código do itinerário, a extensão e o tipo de pavimento; estas referências estão localizadas especialmente nas cidades mais importantes que ligam.

2.2.1.1.1. Estradas de vizinhança

É uma estrada que pertence ao sistema rodoviário local e é da responsabilidade do Instituto de Estradas Provinciais. São utilizadas para ligar vários centros populacionais. Estas estradas têm um baixo volume de tráfego e, na sua maioria, são construídas ao nível da superfície da estrada.

2.2.1.1.2. Tipo de trabalho a ser executado

a) **Manutenção de rotina:** Trata-se de actividades que são realizadas numa base permanente, a fim de preservar os níveis de serviço da estrada. Estas actividades estão relacionadas com a limpeza da estrada, remendo de buracos, perfilagem e outros trabalhos, que são realizados numa base regular. (Ministério dos Transportes e Comunicações, 2016 p. 6).

b) **Manutenção periódica:** Trata-se de actividades programadas a determinados intervalos, realizadas para manter os níveis de serviço. Estas actividades podem envolver a intervenção de máquinas ou pessoas para perfilar, nivelar, substituir material e obras de arte. (Ministério dos Transportes e Comunicações, 2016 p. 7).

c) **Reabilitação:** São actividades cuja execução é necessária para repor a estrada nas suas características originais, tendo em conta um novo período de serviço (Ministério dos Transportes e Comunicações, 2016 p. 5).

d) **Melhoramento:** São actividades em que a sua execução eleva o padrão da estrada, envolvendo a modificação substancial da geometria e a transformação de uma estrada de terra em uma estrada pavimentada (Ministério dos Transportes e Comunicações, 2016 p. 5).

2.2.2. O solo

O solo é formado a partir da meteorização física das rochas. Esse processo, conhecido como intemperismo, promove o transporte de material intemperizado que é depositado para formar a alterita, a partir da qual o solo é fortalecido por diversos processos. (BAÑON Blázquez, et al., 2000 p. 2). O solo, em Engenharia Civil, é uma camada sedimentar discreta de partículas sólidas, resultante da transformação de rochas, ou solo que é transportado por agentes morfogénicos apoiados pela gravidade como força direcional. (DUQUE, et al., 2002). O solo é o material de construção mais abundante no mundo nas atividades de engenharia civil. Quando o engenheiro utiliza o solo como material de construção, ele deve escolher um solo adequado para dar suporte a estruturas como edifícios, estradas, pontes, etc. (DUQUE, et al., 2002 p. 11).

2.2.2.1. Propriedades do solo

O solo tem as propriedades fundamentais que devem ser tidas em conta:

a) Granulometria:

Representa a distribuição granulométrica dos agregados por peneiração de acordo com as especificações técnicas (MTC Test E 107).

A análise da granulometria do solo tem como objetivo determinar as proporções dos diferentes elementos constituintes, que são classificados de acordo com o seu tamanho.

Um bom arranjo granular assegura que o solo tem um bom desempenho sob cargas. Deve ter uma proporção adequada de cascalho para suportar as cargas e uma percentagem de finos plásticos para unir os materiais do solo. (Ministério dos Transportes e Comunicações, 2014, p. 30).

De acordo com o tamanho das partículas do solo, podem ser determinados os seguintes termos:

b) Plasticidade:

É a propriedade que os solos têm até um certo limite de humidade sem se desintegrarem, esta propriedade depende excecionalmente dos materiais finos (Ministério dos Transportes e Comunicações, 2014 p. 31).

A plasticidade é obtida a partir da diferença entre o limite líquido (LL) e o limite plástico (LP), também chamado de limite de atterberg, que permite classificar o solo. (Ministério dos Transportes e Comunicações, 2014 p. 31).

c) Índice do grupo

Este índice é normalizado pela norma da AASHTO habitualmente utilizada para classificar um solo. O índice de grupo é obtido pela seguinte fórmula: Fonte: Manual de carreteras, MTC

O índice de grupo está num intervalo de 0 ou mais, o que será positivo. Se o índice de grupo se tornar negativo e se o índice de grupo for maior que 9, não será utilizável para estradas. (Ministério dos Transportes e Comunicações, 2014 p. 32).

d) Humidade natural

Uma caraterística essencial do solo é o seu teor de humidade natural, que está associado à densidade, especialmente dos finos (Ministério dos Transportes e Comunicações, 2014 p. 33).

f) Capacidade de carga (CBR)

É a capacidade de carga em função do tipo de solo, da compactação e do teor de humidade. Avalia as sub-bases, a sub-base e a base a utilizar para um pavimento ou para aterros estruturais.

2.2.2.2. Classificação dos solos

Uma classificação adequada dará uma ideia do comportamento do solo a utilizar, com base nas suas propriedades fáceis de determinar. Conhecendo a granulometria e os limites de atterberg de um solo, é possível prever o seu comportamento mecânico. Apresenta-se de seguida uma correlação dos dois sistemas de classificação mais difundidos, AASHTO e ASTM (SUCS) (Ministério dos Transportes e Comunicações, 2014 p. 33).

2.2.2.3. Confirmado

O agregado é a combinação de 3 tipos de agregados que são a pedra, a areia e os finos. Requer percentagens adequadas para uma boa camada de desgaste.

Tipos de pavimento:

a) **Pavimento tipo 1:** constituído por material granular, com um PI de 12 quando justificado. Este tipo de pavimento é utilizado em estradas de baixo volume de tráfego das classes T0 e T1 com um IMDA até 50 veículos por dia (Ministério dos Transportes e Comunicações, 2008).

b) **Pavimento tipo 2:** constituído por um material granular, com um PI de 12 desde que justificado. Este tipo de pavimento é utilizado em estradas de classe T2 de baixo volume de tráfego com um IMDA de 51 a 100 veículos por dia (Ministério dos Transportes e Comunicações, 2008).

c) **Afirmado tipo 3:** constituído por material granular, com um PI de 12 q u a n d o   justificado. Este tipo de pavimento é utilizado em estradas de baixo volume de tráfego da classe T3 com um IMDA de 101 a 200 veículos por dia (Ministerio de Transportes y Comunicaciones, 2008).

Estes pavimentos devem respeitar as seguintes condições:

Limite de líquido: 35% Max

CBR: 40% Min a 100% MDS

2.2.2.4. Estabilização do solo

Baseia-se na incorporação de um produto químico, que é misturado de forma íntima e homogénea com o solo a tratar. A estabilização do solo é definida como a melhoria das propriedades físicas de um solo através de processos mecânicos e da incorporação de produtos químicos naturais e sintéticos. Estas estabilizações são geralmente efectuadas em solos com sub-base inadequada ou pobre, sendo neste caso designadas por estabilização de solo cimento, solo cal, solo asfalto e vários outros produtos. (NESTERENKO Cortes, 2018).

Aplica-se também sobre uma sub-base, base ou material granular, que mesmo satisfazendo as condições de ter um determinado valor de CBR, será estabilizado para a utilização de um material de maior qualidade com uma menor espessura de camada granular. Em geral, a aplicação deste critério é para estradas onde existe um tráfego pesado considerável ou mesmo em sectores com menor tráfego, mas cujas condições merecem a sua execução (Ministério da Economia e Finanças, 2015). A estabilização mecânica é efectuada através da aplicação de aditivos que actuam física ou quimicamente sobre as propriedades do solo. Entre os mais utilizados estão a cal e o cimento, mas também são utilizados o cloreto de sódio (sal), cloreto de magnésio, asfaltos líquidos, escórias e produtos químicos. A aplicação destes últimos será efectuada de acordo com a Norma Técnica MTC 1109-2004 para Estabilizadores Químicos (Ministério dos Transportes e Comunicações, 2008 p. 155).

2.2.2.4.1. Estabilização do solo de estradas não pavimentadas

O objetivo da estabilização do solo é melhorar as propriedades físicas e mecânicas de um solo, de modo a que os materiais com estabilidade insuficiente possam ser utilizados como camadas de sub-base e granulares (Ministério dos Transportes e Comunicações, 2008 p. 154).

2.2.2.4.2. Técnicas de estabilização mais utilizadas

a) Estabilização granulométrica: consiste na combinação de diferentes solos para obter um material com melhores características admissíveis para ser utilizado como sub-base ou como pavimento (Ministério dos Transportes e Comunicações, 2008 p. 157).

b) Estabilização com cal

A cal do solo é obtida através da combinação íntima de solo, cal e água. A cal utilizada é composta principalmente por óxido de cálcio (cal viva), obtido por calcinação de materiais calcários, ou por hidróxido de cálcio (cal apagada ou cal hidratada). (Ministério dos Transportes e Comunicações, 2008, p. 158).

c) Estabilização com cimento

Este tipo de estabilização é um dos métodos de estabilização mais utilizados atualmente e está a ser implementado. É utilizado desde que Amies o introduziu em 1917 para evitar o fenómeno de bombagem de finos caraterístico dos solos rígidos. Ao combinar este tipo de partículas, conseguiu-se que a água não as dissolvesse, evitando assim o deslizamento e a posterior rutura das lajes de betão. (BAÑON Blázquez, et al., 2000 p. 22) O material denominado solo-cimento é obtido pela combinação íntima de um solo devidamente desagregado com cimento, água e outras possíveis adições, seguida de uma compactação e cura adequadas. (Ministério dos Transportes e Comunicações, 2008 p. 160).

2.2.2.4.3. Soluções básicas em estradas não pavimentadas

As soluções de base são alternativas técnicas, económicas e ambientais, que consistem na aplicação de estabilizadores de solos para manter os seus níveis de serviço e prolongar os intervalos de manutenção que permitem o trânsito adequado de veículos. Estas soluções de base são aplicáveis a estradas não pavimentadas, ao nível da manutenção, reabilitação, beneficiação e construção.

2.2.3. Polímero de poliacrilamida (PAM).

A poliacrilamida (PAM) é um polímero orgânico sintético fabricado a partir de monómeros de acrilamida. Dependendo do número de monómeros diferentes que compõem o polímero, temos: homopolímeros, copolímeros, terpolímeros e outros. Na década de 1990, a poliacrilamida (PAM) foi introduzida no mercado dos EUA para aplicação no controlo da erosão do solo e, no final dessa década, foi utilizada em 400 000 ha de terras irrigadas que foram tratadas. Devido à sua baixa toxicidade, a PAM tem sido utilizada como estabilizador e minimizador da erosão do solo, tornando este polímero versátil e eficaz (Application of polyacrylamide as an alternative for the treatment of hydrocarbon contaminated soils, 2013).Estabilizadores comumente utilizados como cal e cimento requerem longos tempos de cura e quantidades copiosas de aditivos a um preço significativo, por isso estabilizadores não tradicionais, como polímeros, neste caso o polímero Poliacrilamida chamado PAM, ganharam mais atenção, pois é potencialmente mais eficiente no campo porque o polímero tem maior trabalhabilidade com solos estabilizados durante o processo de construção e sustentável, ou seja, preserva os níveis de serviço das estradas estabilizadas ao longo do tempo em comparação com as convencionais (NESTERENKO Cortes, 2018).

2.3. Definição de termos

• **Estabilização do solo:** Procedimentos para melhorar as propriedades de um solo através da aplicação de produtos químicos ou naturais

(Ministério dos Transportes e Comunicações, 2013).

• **Níveis de serviço:** São indicadores que quantificam e qualificam o estado de uma rodovia, que são utilizados como limites admissíveis de uma rodovia. Estes indicadores variam de acordo com factores técnicos e económicos, de forma a satisfazer as necessidades dos utentes, como a segurança, o conforto e outras (Ministério dos Transportes e Comunicações, 2013).

• **Poliacrilamida (PAM):** Polímero orgânico sintético formado a partir de monómeros de acrilamida (Application of polyacrylamides in landscaping and gardening, 2005).

• **Polímero:** Partícula de uma macromolécula, que se repete em toda a molécula (LOPEZ Carrasquero, 2004).

2.4. Hipótese

2.4.1. Hipótese geral

A aplicação de polímero de poliacrilamida (PAM) na estabilização do solo das estradas locais na província de Angaraes - Huancavelica terá uma influência positiva nas propriedades físico-mecânicas.

2.4.2. Hipóteses específicas

a) O índice de plasticidade do solo estabilizado é reduzido pela aplicação do polímero de poliacrilamida (PAM).

b) Os valores da capacidade de suporte (CBR) do solo estabilizado aumentarão significativamente com a aplicação do polímero de poliacrilamida (PAM).

c) Os níveis de serviço a longo prazo seriam preservados com a aplicação do polímero de poliacrilamida (PAM).

2.5. Variáveis

2.5.1. Definição concetual da variável Variável independente (X):

• Polímero de poliacrilamida (PAM): Polímero orgânico sintético formado a partir de monómeros de acrilamida.

Variável dependente (Y):

• Estabilização do solo: Melhoria das propriedades físicas de um solo através de processos mecânicos e da incorporação de produtos químicos naturais ou sintéticos.

2.5.2. Definição operacional da variável Variável independente (X):
• Polímero de poliacrilamida (PAM)

Uma das características mais notáveis do polímero de poliacrilamida quando combinado com o solo é o facto de aumentar a capacidade de suporte, reduzir a permeabilidade e diminuir a erosão.

Variável dependente (Y):

• Estabilização do solo

Melhoria das condições físico-mecânicas determinadas em laboratório, que são determinadas a partir da granulometria, capacidade de suporte (CBR), módulo de resiliência, Proctor modificado, limites de atterberg e coeficiente de permeabilidade.

2.5.3. Operacionalização das variáveis

Quadro 1 Operacionalização das variáveis

VARIÁVEL	DEFINIÇÃO CONCEPTUAL	DEFINIÇÃO OPERACIONAL	DIMENSÕES	INDICADORES	INSTRUMENTO	ESCALA
X: aplicação do Poliacrilamida {PAM}	Polímeros orgânicos sintéticos formados por monómeros de acrilamida.	Uma das características mais notáveis do polímero de poliacrilamida quando combinado com o solo é o facto de aumenta a capacidade de suporte, reduz a permeabilidade e reduz a erosão.	D1: estabilizador	I1: Propriedades estabilizadoras	Fichas de laboratório	Motivo
Y: Estabilização do solo	Um dos As características mais notáveis do polímero de poliacrilamida quando combinado com o solo são o aumento da capacidade de reduz a permeabilidade e reduz a erosão.	O processo da presente investigação consiste em efetuar os testes laboratoriais que são: granulometria, CBR, limites de Atterbeg, módulo de resiliência, Proctor Modificado, Permeabilidade	D1: Propriedades físicas D2: Propriedades mecânicas	I1: Teste granulométrico I2: Coerência I3: Classificação dos solos I4: Permeabilidade I1: Capacidade de carga {CBR}. I2: Compacidade	Ficha de recolha de informações	Motivo Motivo

Fonte: Próprio

CAPÍTULO III
METODOLOGIA

3.1. Método de investigação

O método científico é a forma pela qual se realiza a investigação para manifestar as formas de existência dos objectivos, sistematizar e aprofundar os conhecimentos obtidos, para posteriormente explicar e demonstrar na experiência e com as técnicas da sua aplicação. (RUIZ, 2007 p. 6). Esta pesquisa é científica, pois foi realizada através de passos sistematizados para adquirir conhecimentos confiáveis através de hipóteses e observação, testando com a experimentação.

3.2. Tipo de investigação

A investigação aplicada procura a aplicação ou a utilização dos conhecimentos para depois implementar e sistematizar a prática baseada na investigação (MURILLO Hernández, 2008). A presente tese é uma investigação de tipo aplicativo, porque procura mecanismos e estratégias que permitam estabelecer um objetivo concreto, que é a estabilização do solo através da aplicação do polímero poliacrilamida.

3.3. Nível de investigação

A pesquisa descritiva é aquela que descreve os dados e as características de uma população; já a pesquisa explicativa se encarrega de buscar a razão dos fatos através da relação de causa e efeito. (MARROQUIN Peña, 2012). O nível de investigação desta pesquisa é descritivo - explicativo, pois estabelece uma descrição do problema; e explicativo, que determina as causas e consequências desse problema, com o objetivo de tirar conclusões.

25

3.4. Conceção da investigação

A conceção da investigação é quase-experimental, uma vez que se baseia na análise do efeito da variável independente (polímero de poliacrilamida) sobre a variável dependente (estabilização do solo).

Figura 2 Desenho da investigação Fonte: Própria

3.5. População e amostra

3.5.1. População

A população é um grupo de indivíduos, objetos ou medidas que têm algumas características semelhantes visíveis num determinado lugar e num determinado momento. (HERNANDEZ Hermosillo, 2013). De acordo com o acima exposto, a população será as estradas locais da província de Angaraes, região de Huancavelica.

3.5.2. Amostra

A amostra é um subconjunto caraterístico da população (HERNANDEZ Hermosillo, 2013). A amostra é constituída pela estrada local Lircay - Jatumpata - Mitoccasa -Dv. Ccollpa - Pitinpata - Perccapampa, que tem uma extensão de 16 + 670 km.

3.6. Técnicas e instrumentos de recolha de dados

3.6.1.Técnicas de recolha de dados

A recolha de dados é qualquer técnica utilizada pelo investigador para se aproximar dos fenómenos e deles obter informações (SABINO, 1992,

p. 108).

A amostragem foi efectuada na pedreira principal situada do lado direito da estrada, que será posteriormente armazenada em sacos impermeáveis. Os instrumentos a utilizar serão equipamento de laboratório de mecânica dos solos, equipamento fotográfico, caderno de campo e equipamento informático para tratamento de dados.

3.6.2. Validade

A validade representa a eficácia com que um instrumento mede aquilo que se propõe avaliar (CHAVEZ, 2001). Os instrumentos serão avaliados por profissionais que serão engenheiros civis.

3.7. Tratamento da informação

Uma vez efectuada a amostragem, serão realizados ensaios de laboratório como a granulometria, a determinação dos limites de atterberg, a classificação AASTHO e SUCS, o ensaio Proctor Modificado e o ensaio CBR, de acordo com a regulamentação em vigor do Ministério dos Transportes e Comunicações.

3.8. Técnicas e análise de dados

Os dados em si são de importância limitada, é necessário "fazê-los falar", que é a essência da análise e interpretação de dados (ENCINAS Ramirez, 1993). Os dados da pesquisa serão processados e analisados como Distribuição de Frequência e Representações Gráficas (Histogramas; polígonos de frequência; gráficos de barras; gráficos de pizza; tabulação cruzada). Distribuição normal (teste normal de percentagens) dos dados obtidos a partir da granulometria, determinação dos limites de atterberg, classificação AASTHO e SUCS, ensaio Proctor Modificado e ensaio CBR (ENCINAS Ramirez, 1993).

CAPÍTULO IV

RESULTADO

4.1. Análise do nível de serviço

Os níveis de serviço recomendados pelo MTC que devem ser tidos em conta para uma estrada não pavimentada, como é o caso da estrada em estudo, são os seguintes

- **Buracos:** O pavimento deve estar livre de buracos, que devem ser preenchidos e compactados com material de empréstimo.

- **Controlo das poeiras:** A superfície da camada de desgaste deve ter um controlo permanente das poeiras.

- **Substituição do pavimento:** A espessura mínima permitida deve ser de 15 cm.

- **Perfilamento da superfície:** O intervalo de intervenção é de uma vez por ano.

Por esta razão, foi efectuada uma avaliação dos danos no pavimento da estrada, se, segundo a CTM, está a cumprir os níveis de serviço que uma estrada pavimentada deve proporcionar.

4.1.1. Danos no piso de rolamento

Foi efectuada uma verificação da estrada local Lircay - Jatumpata - Mitoccasa - Dv. Ccollpa - Pitinpata - Perccapampa, que tem uma extensão de 16+670 km, onde foi possível constatar os diferentes danos, conforme detalhado na tabela de **DANOS NA SUPERFÍCIE DE ROLAMENTO:**

Tabela 2 Danos no piso de rolamento Fonte: Próprio

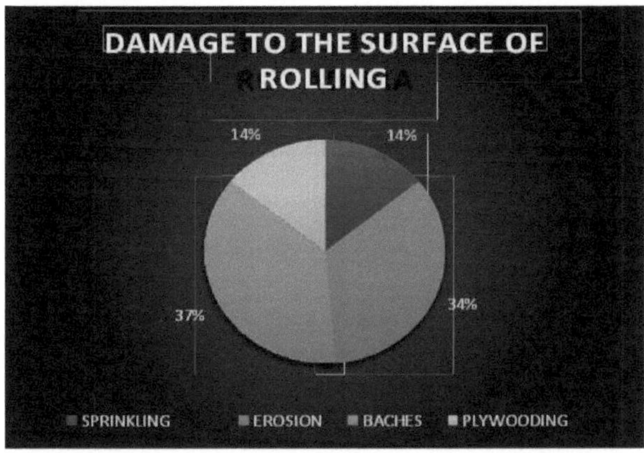

Figura 3 Percentagem de danos na estrada local

Fonte: próprio

A. Lircay - Jatumpata - Mitoccasa Progressivo 0+000 KM a 12+000 KM

Durante a visita, foi possível verificar que a estrutura do pavimento sofreu danos devido à erosão, buracos e sulcos; a este respeito, pode afirmar-se que, entre o intervalo dos progressivos, o **dano 3 (buracos) tem o** maior impacto.

Imagem 1 Presença de buracos Prog. 2+000 km Fonte: Própria

B. Dv. Pitinpata Progressivo 0+000 KM a 1+750 KM

A plataforma da estrada de acesso à aldeia de Pintinpata apresenta um forte descolamento dos agregados provocado pela erosão, o que, de acordo com a tabela de danos ao pavimento, seria de **grau 2**.

Imagem 2 Desprendimento de agregado Prog. 0+420 KM Fonte: Própria

C. Dv. Ccollpa Progressiva 0+000 KM a 1+600 KM

Durante uma visita à aldeia de Ccollpampa, foi observada a presença de buracos que, de acordo com a tabela de danos no pavimento, seriam de **grau 2.**

Imagem 3 buracos Prog. 0+740 KM Fonte: Próprio

D. Dv. Perccapampa Progressivo 0+000 KM a 2+000 KM Durante a

visita a esta parte do troço foi possível verificar que a estrutura do afirmado sofreu danos devido a sulcos, buracos e cravos; a este respeito, pode afirmar-se que **o dano 3 (buracos)** foi mais prevalecente.

Fig. 4 Calagem de agregados e despacho de agregados Prog. 0+000

Fonte: Própria

4.2. Análise de material granular

4.2.1.Localização

A entrada da pedreira principal situa-se no km 3+780 da estrada Lircay - Jatumpata. Tem as seguintes coordenadas UTM:

4.2.2.Acessibilidade

A pedreira tem um acesso direto de 40 m desde o sopé da estrada até ao centro de recolha.

Imagem 5 Acesso à pedreira Prog. 3+780 Km

4.2.3. Utilização

Com base nos resultados laboratoriais e nos regulamentos actuais do manual de estradas não pavimentadas, determina-se que este material será utilizado para manutenção periódica ao nível do revestimento.

4.2.4. Disponibilidade

A pedreira pertencente à Comunidad Campesina San Juan de Dios está disponível gratuitamente.

4.2.5. Poder da pedreira

A área aproximada de exploração dos materiais granulares estimada é de 6018,95 m2, com um estrato de 8,00 m em média. Em relação a este valor, foi determinada a potência útil líquida.

4.2.6. Características gerais do material

Os dados obtidos dos ensaios padrão e especiais foram baseados no Manual de Ensaios de Materiais para Estradas do MTC e em normas internacionais, incluindo técnicas estatísticas para a análise dos dados, a classificação do material para o pavimento foi dada usando os métodos SUCS e AASHTO, foram realizados os ensaios dos limites de atterberg (Limite Líquido, Líquido Plástico e Índice de Plasticidade), o ensaio Proctor modificado para estabelecer o MDS e o seu OCH do material da pedreira e, finalmente, o ensaio CBR (Capacidade de Suporte) a 100% da densidade seca máxima à penetração do material da pedreira; Ensaio Proctor modificado para estabelecer a MDS e a sua OCH do material da pedreira e finalmente foi determinado através do ensaio CBR (Capacidade de Suporte) a 100% da Densidade Seca Máxima a uma penetração de 0.1". **Tabela 3** Dados gerais do material da pedreira

4.2.6.1. Limites de consistência

4.2.6.2. Classificação SUCS e AASHTO

SUCS (Sistema Unificado de Classificação de Solos)

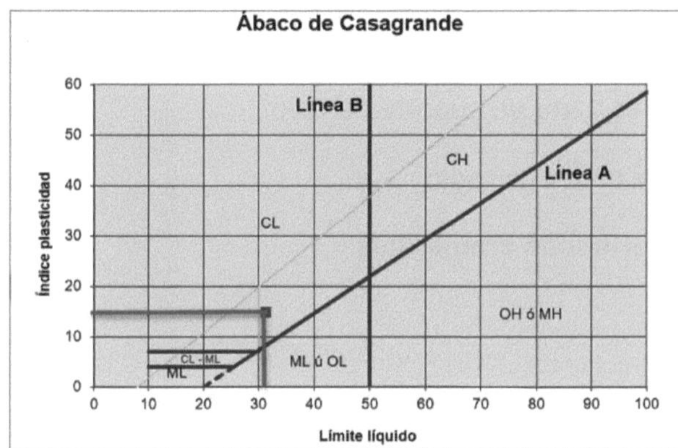

Figura 4 Classificação SUCS de acordo com o Ábaco de Casagrande

Fonte: Obtido do Laboratório

AASHTO (Associação Americana de Funcionários Estaduais de Rodovias e Transportes)

$$IG=(F-35) \times (0.2+0.005 \times (LL-40)) +0.01 \times (F-15) \times (IP-10)$$

$$IG= (34.92-35) \times (0.2+0.005 \times (31.36-40)) +0.01 \times (34.92-15)^*(14.79-10)$$

$$IG= 1$$

Figura 5 Cálculo do índice de grupo do material da pedreira

4.3. Análise da combinação de material de pedreira e polímero de poliacrilamida (PAM)

4.3.1. Polímero de poliacrilamida (PAM)

4.3.1.1. Descrição

O Polycom é um estabilizador químico australiano que se apresenta sob a forma de concentrado de acrilamida em pó.

4.3.1.2. Características técnicas

- Aplicável em solos de baixa qualidade

- Aplicável em sub-base, sub-base e base granular, bem como em pavimentos rodoviários.
- Melhora a capacidade de suporte do solo

- Aumenta a resistência do solo

4.3.1.3. Características ambientais

- Ecológico

- Não tóxico

- Biodegradável

- Não inflamável

- Produto não perigoso

Figura 6 Polímero de poliacrilamida PolyCom

Fonte: Próprio

4.3.2. Características gerais da combinação

A combinação foi efectuada a 0,030 g x kg de material, de acordo com as especificações técnicas do fornecedor, que efectuou ensaios de limites de atterberg (Limite Líquido, Líquido Plástico e Índice de Plasticidade); ensaio de Proctor modificado para estabelecer a DMS

(Densidade Seca Máxima) e o seu OCH (Teor de Humidade Ótimo) do material da pedreira e, finalmente, foi determinado pelo ensaio CBR (Capacidade de Suporte) a 100% da Densidade Seca Máxima a uma penetração de 0,1".

CAPÍTULO V
DISCUSSÃO DOS RESULTADOS

5.1. Influência da aplicação do polímero de poliacrilamida (PAM).

Nesta investigação para determinar a influência da aplicação do polímero de poliacrilamida (PAM) na estabilização do solo, verificou-se que este melhora as propriedades físico-mecânicas do material estabilizado. Isto significa que o material da pedreira principal quando combinado com o polímero de poliacrilamida (PAM) aumenta a sua capacidade de suporte, reduz o teor de humidade ótimo, o seu índice de plasticidade e também minimiza os danos no pavimento; melhorando a sua vida útil e os níveis de serviço do pavimento rodoviário. Face ao exposto, aceita-se a hipótese de investigação, que afirma que a aplicação do polímero de poliacrilamida (PAM) influenciará as propriedades físico-mecânicas na estabilização do solo das estradas locais da província de Angaraes - Huancavelica. Esses resultados são corroborados por (Nesterenko Cortes, 2018) que em sua pesquisa conclui que as amostras estabilizadas com PAM melhoram suas propriedades mecânicas em comparação com as amostras em seu estado natural. Neste sentido, analisando estes resultados, confirmamos que ao combinar o polímero de poliacrilamida (PAM) e o material da pedreira principal, este influencia adquirindo maior resistência e durabilidade, devido a isso necessitará de menos intervenção ao nível da manutenção periódica o que seria uma solução alternativa para os problemas rodoviários.

Figura 6 Comparação das propriedades do solo

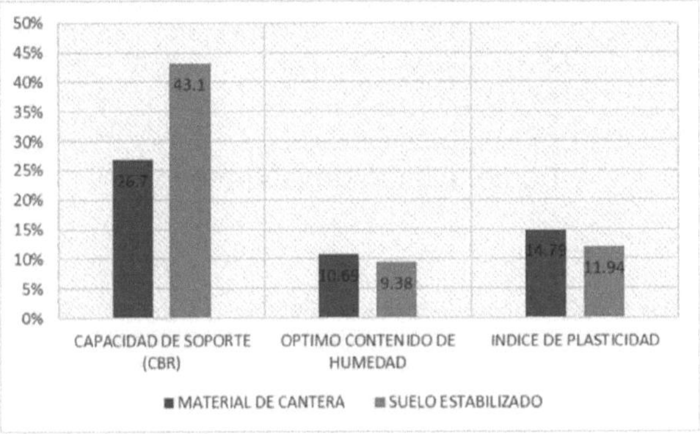

Fonte: Obtido do laboratório

5.2. Comportamento do índice de plasticidade do solo estabilizado

Ao analisar o comportamento do índice de plasticidade do solo estabilizado com a aplicação do polímero de poliacrilamida, verificou-se que a amostra estabilizada apresenta um Índice de Plasticidade de 11,94%, enquanto a amostra não estabilizada apresentou um Índice de Plasticidade de 14,79%; ou seja, a amostra em seu estado natural com um IP de 14,79% está fora dos parâmetros do TCM, enquanto o solo estabilizado está de acordo com os parâmetros, pois reduz o IP em 2,85%. Face ao exposto, aceita-se a hipótese de investigação, que indica que o índice de plasticidade do solo estabilizado é reduzido com a aplicação do polímero de poliacrilamida (PAM). Esses resultados são corroborados por (Curitomay Najarro, 2018) que em sua pesquisa conclui que os polímeros como estabilizador químico produziram uma redução no índice de plasticidade. Ao analisar os resultados, podemos determinar que a aplicação do estabilizador químico poliacrilamida (PAM) a um material granular reduz o Índice de Plasticidade.

Quadro 2 Comparação dos índices de plasticidade

CLASSIFICAÇÃO DOS SOLOS		MATERIAL DE QUARRY	SOLO ESTABILIZADO	ÍNDICE DE PLASTICIDADE
SUCS	AASHTO			
SC	A-2-6 {1}	X		14.79
SC	A-2-6 {1}		X	11.94

Fonte: Obtido do laboratório

Figura 7 Comparação dos limites de consistência

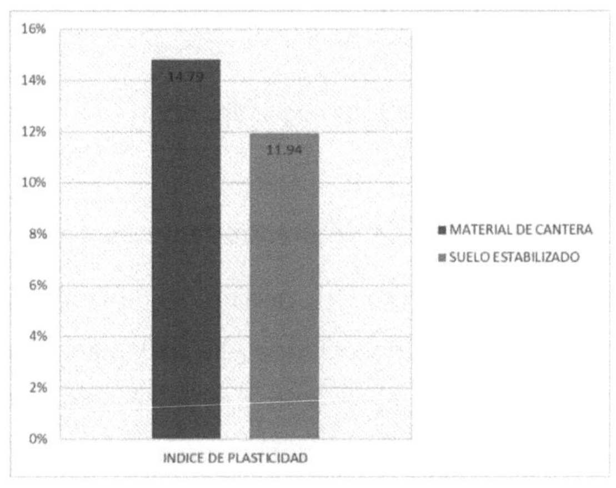

Fonte: Obtido do laboratório

5.3. Valores de capacidade de suporte (CBR)

Ao avaliar os valores de capacidade de suporte (CBR) obtidos do solo estabilizado com a aplicação do polímero de poliacrilamida (PAM), verificou-se que o CBR do material da pedreira é de 26,70% a 100% MDS e o solo estabilizado tem um CBR de 43,10% a 100% MDS. Isto significa que há um aumento de 16,40% na capacidade de suporte (CBR) em comparação com o material da pedreira não estabilizado. Por conseguinte, aceita-se a hipótese de investigação, que afirma que os valores da capacidade de suporte (CBR) do solo estabilizado aumentarão significativamente com a aplicação do polímero de poliacrilamida (PAM). Estes resultados são corroborados por (Villanueva Flores, 2017) que, na sua investigação, conclui que o valor da CBR aumenta significativamente em 58,90% com a aplicação de um polímero de poliacrilamida em comparação com um material natural.

Tabela 3 Valores da capacidade de suporte

CLASSIFICAÇÃO DOS SOLOS		MATERIAL DE PEDREIRA	SOLO ESTABILIZADO	RBC
				0.01%
SUCS	AASHTO			100%MDS
SC	A-2-6 {1}	X		26.70
SC	A-2-6 {1}		X	43.10

Fonte: Testes laboratoriais

Figura 8 Comparação CBR

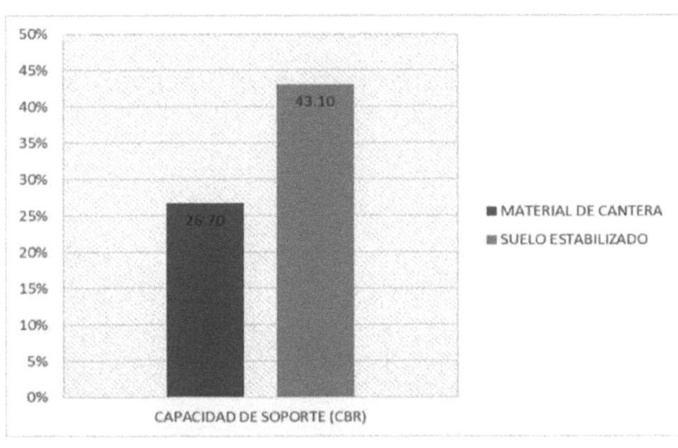

Fonte: Testes laboratoriais

5.4. níveis de serviço

Explicando como melhorar os níveis de serviço com a aplicação do polímero de poliacrilamida (PAM), avaliaram-se os níveis de serviço da estrada local, que apresentam danos no pavimento como sulcos, erosão, buracos e calagem, devido ao facto de o material utilizado para a manutenção periódica ser suscetível à água, A estabilização do material da pedreira com o polímero poliacrilamida (PAM) permite um melhor desempenho das camadas de desgaste, o que minimizará os danos acima referidos em qualquer altura do ano, prolongando a sua vida útil e reduzindo os custos de manutenção, cumprindo os parâmetros dos níveis de serviço e proporcionando ao utilizador conforto, segurança e economia. A hipótese de investigação é aceite, onde se refere que os níveis de serviço seriam mantidos a longo prazo com a aplicação do polímero de poliacrilamida (PAM). Este resultado é corroborado com o projeto executado na estrada Chaglla - Panao - Província de Pachitea - Região de Huanuco de 30 km em que a conservação dos níveis de serviço da estrada é visualizada 8 meses depois de ter estabilizado o solo com o polímero de poliacrilamida ao nível da manutenção periódica. Neste sentido, confirma-se que, uma vez estabilizado o solo com o polímero de poliacrilamida (PAM), os seus níveis de serviço manter-se-ão em bom estado, exigindo menos intervenções de manutenção.

Imagem 7 Estado final do troço Chaglla - Panao da estrada Fonte: AustLatin

CONCLUSÕES

1. Verifica-se que a aplicação do polímero poliacrilamida (PAM) no material da pedreira influencia as suas propriedades físico-mecânicas, melhorando a sua vida útil e reduzindo o seu intervalo de intervenção (manutenção periódica).

2. Verifica-se uma redução do índice de plasticidade do solo estabilizado com o polímero de poliacrilamida (PAM) em comparação com o material da pedreira de 2,85%. Assim, o polímero poliacrilamida (PAM) tem a capacidade de reduzir a plasticidade de um material, sendo que a maioria dos materiais no seu estado natural não cumprem os parâmetros do CTM.

3. Verifica-se que o solo estabilizado tem um CBR de 43,10% a 100% MDS enquanto que o solo no seu estado natural tem um CBR de 26,70% a 100% MDS. Isto significa que há um aumento de 16,40% da capacidade de suporte.

4. A aplicação do polímero de poliacrilamida (PAM) proporciona às camadas granulares um desempenho melhorado, o que reduzirá os danos, tais como sulcos, erosão, buracos e afundamentos em qualquer altura do ano. Isto significa que os níveis de serviço serão cumpridos e a vida útil da estrada será prolongada, proporcionando ao utilizador conforto, segurança e economia.

RECOMENDAÇÕES

1. Recomenda-se que na determinação da capacidade de suporte (CBR), a amostra estabilizada com polímero de poliacrilamida seja curada durante 28 dias, para verificar os melhores resultados de acordo com as especificações técnicas do produto.

2. Recomenda-se que os projectos de beneficiação de estradas e de manutenção periódica apliquem soluções de base para manter os níveis de serviço, minimizar os custos de exploração e implicar uma melhor utilização dos recursos do Estado.

3. Recomenda-se a realização de um estudo sobre o estado do pavimento de uma estrada estabilizada com polímero de poliacrilamida (PAM) ao nível do pavimento.

REFERÊNCIAS

Aguilar Castañeda, Catherin Gisella e Borda Riveros, Yeraldin. 2015. Revisão do estado da arte do uso de polímeros na estabilidade do solo. Universidade Santos Tomas, Bogotá: 2015.

Aguilar, Catherin. Revisão do estado da arte do uso de polímeros na estabilidade do solo. Universidad Santo Tomas, Bogata : s.n.

ALTAMIRANO Navarro, Genaro Jose e DIAZ Sandino, Axell Exequiel. 2015. Estabilização de solos coesivos por meio de cal nas estradas da comunidade de San San Isidro del Pegón, município de Potosí-Rivas. Manágua : Universidad Nacional Autonoma de Nicaragua, 2015.

Aplicação da poliacrilamida como alternativa para o tratamento de solos contaminados por hidrocarbonetos. **Osorio Bautista, Manuel e Adams Schroeder, Randy. 2013.** 2013, Kuxulkab, p. 83.

Aplicação de poliacrilamidas em paisagismo e jardinagem. **Enseñat De Carlos, Luz e Cabot Moura, Orene. 2005.** 2005, Horticultura.

ARROYO Hilton, Nancy. 2012. Diseño y conservacion de pavimentos Rigidos. Universidad Nacional Autonoma de Mexico, Managua : 2012.

Baldeon Sauñe, Irvin P. 2019. Análise do uso de areia de sílica na estabilidade do subleito. Universidad Peruana Los Andes, Huancayo : 2019.

BAÑON Blázquez, Luis e BEVIA García, José F. 2000. Manual de Carreteras - Construccion y Mantenimiento. s.l. : Ortiz e Hijos, Contratistas de Obras, S.A., 2000.

BARRIOS Bolaños, Walter. 2007. Guía teórica y practica de los cursos de pavimentos y mantenimiento de carreteras. Guatemala : s.n., 2007.

CHAVEZ Pajuelo, Rafael Antonio. 2018. Estudo comparativo utilizando o aditivo Proes e Consolid para a estabilização de solos em estradas de bairro. Universidad Cesar Vallejo, Lima : 2018.

CHAVEZ, Alizo. 2001. Introdução à Investigação Educativa. 2001.

Curitomay Najarro, Carlos Jan. 2018. Estabilização de solos argilosos com polímeros do tipo copolímero, aplicados a obras rodoviárias de tráfego médio na estrada do distrito de Pucaloma - Yanayacu - Socos. Universidade Nacional San Cristobal de Huamanga, Ayacucho: 2018.

DUQUE, Gonzalo e ESCOBAR, Carlos. 2002. Origem, formação e constituição do solo. 2002.

ENCINAS Ramirez, Irma. 1993. Análise de dados. [Em linha] 1993. https://dspace.ups.edu.ec/bitstream/123456789/8180/1/UPS-QT06544.pdf.

HERNANDEZ Hermosillo, Silvia. 2013. Poblacion y muestra. Universidad Autonoma Del Estado De Hidalgo, México : 2013.

HUAMANI Gamarra, Zayda e CONDORI Ñahuinlla, Visayda. 2018. Aplicação de estabilizador Z com polímero no aumento do valor CBR do material utilizado como pavimento na estrada departamental ap-103, seção da ponte Ullpuhuaycco - Ullpuhuaycco. Karkatera (l= 14.050 kms) Abancay-Apurímac 2018. Abancay : Universidad Tecnologica de los Andes, 2018.

LOPEZ Carrasquero, Francisco. 2004. Fundamentos de polimero. Mérida : s.n., 2004.

Marroquin Peña, Roberto. 2012. Fiabilidade e validade dos instrumentos de investigação. Universidad Nacional De Educacion Enrique Guzman Y Valle, Lima : 2012.

MARROQUIN Peña, Roberto. 2012. Metologia de la investigación.

Universidad Nacional De Educacion Enrique Guzman Y Valle, Lima : 2012.

Ministério da Economia e Finanças. 2015. Orientações metodológicas para o desenvolvimento de alternativas de pavimento na formulação e avaliação social de projectos de investimento em vias públicas. Lima : s.n., 2015.

Ministério dos Transportes e Comunicações. 2013. Glossário de termos frequentemente utilizados em projectos de infra-estruturas rodoviárias. Lima : s.n., 2013.

2013. Manual de Carreteras Suelo - Suelo, Geologia, Geotecnia y Pavimentos. Lima : s.n., 2013.

2008. Manual para o projeto de estradas não pavimentadas com baixo volume de tráfego. Lima : s.n., 2008.

2016. Regulamento Nacional de Gestão de Infra-estruturas Viárias. Lima : s.n., 2016.

2014. Suelo, Geologia y pavimento - Secção Suelos y Pavimentos. Lima : s.n., 2014.

MURILLO Hernández, W. 2008. A investigação científica. 2008.

Nesterenko Cortes, Darko. 2018. Desempenho de solos estabilizados com polímeros no Peru. Universidad De Piura, Piura : 2018.

NESTERENKO Cortes, Darko. 2018. Desempenho de solos estabilizados com polímeros no Peru. Universidad De Piura, Piura : 2018.

RAMOS Vasquez, Juan David e LOZANO Gomez, Juan Pablo. 2019. Estabilização do solo usando aditivos alternativos. Bogotá : Universidad Catolica de Colombia, 2019.

RUIZ, Ramon. 2007. El metodo cientifico y sus etapas. México : s.n., 2007.

SABINO, Carlos. 1992. El proceso de investigación. Caracas : s.n., 1992.

SALINAS, Pedro J. 2012. Metodologia da investigação científica. Mérida : s.n., 2012.

Villanueva Flores, Silvia Monica. 2017. Proposta de estabilização de estradas de baixo volume de tráfego nas terras altas, acima de 2000 m.a.s.l., utilizando poliacrilamida aniónica, organosilano e sulfonato. Universidade Ricardo Palma, Lima : 2017.

ANEXOS

MATRIZ DE COERÊNCIA

TÍTULO: "APLICAÇÃO DO POLÍMERO POLIACRILAMIDA (PAM) PARA A MELHORIA DE ESTRADAS LOCAIS NA PROVÍNCIA DE ANGARAES - HUANCAVELICA 2021.

PROBLEMA	OBJECTIVOS	HIPÓTESE	VARIÁVEL	METODOLOGIA
PROBLEMA GERAL: Como é que a aplicação do polímero de poliacrilamida (PAM) influencia a estabilização do solo em estradas locais na província de Angaraes - Huancavelica? PROBLEMAS ESPECÍFICOS Qual é o comportamento do Índice de Plasticidade e de um solo estabilizado com a aplicação de polímero de poliacrilamida (PAM)?	OBJECTIVO GERAL: Determinar a influência da aplicação do polímero poliacrilamida (PAM) na estabilização do solo de estradas locais na província de Angaraes - Huancavelica. OBJECTIVOS ESPECÍFICOS Analisar o comportamento do índice de plasticidade e de um solo estabilizado com a aplicação de polímero de poliacrilamida.	HIPÓTESE GERAL: Influenciará as propriedades físico-mecânicas com a aplicação do polímero poliacrilamida (PAM) na estabilização do solo das estradas locais na província de Angaraes - Huancavelica. HIPÓTESE ESPECÍFICA: O índice de plasticidade do solo estabilizado é reduzido pela aplicação do polímero de poliacrilamida (PAM).	VARIÁVEL INDEPENDENTE: Polímero de poliacrilamida (PAM) VARIÁVEL DEPENDENTE: Estabilização do solo	MÉTODO DE INVESTIGAÇÃO: O método de investigação é científico, porque foi realizado em etapas ordenadas para adquirir conhecimentos fiáveis através de hipóteses e observação, testando com experimentação. TIPO DE INVESTIGAÇÃO: A presente tese é uma investigação de tipo aplicativo, pois procura mecanismos e estratégias que permitam estabelecer um objetivo concreto que é a estabilização do solo através da aplicação do polímero poliacrílico. NÍVEL DE INVESTIGAÇÃO Investigação descritiva e explicativa. DESENHO: Trata-se de uma conceção quase-experimental POPULAÇÃO

Quais são os valores de capacidade de carga (CBR) obtidos em solos estabilizad os com a aplicação de polímero de poliacrilami da (PAM)?	Avaliar os valores de capacidad e de suporte (CBR) obtidos em solos estabilizad os com a aplicação de polímero de poliacrilam ida (PAM).	Os valores da capacidad e de suporte (CBR) do solo estabilizad o aumentarã o significativ amente com a aplicação do polímero de poliacrilam ida (PAM).	Todas as estradas municipais da província de Angaraes, região de Huancavelica. AMOSTRA A amostra é constituída pela estrada local Lircay - Jatumpata - Mitoccasa -Dv. Ccollpa - Pitinpata - Perccapampa, que tem uma extensão de 16 + 670 km.
Como é que a aplicação do polímero de poliacrilami da (PAM) pode melhorar os níveis de serviço?	Explicar de que forma a aplicação do polímero de poliacrilam ida (PAM) melhoraria os níveis de serviço.	Os níveis de serviço a longo prazo seriam preservad os com a aplicação do polímero de poliacrilam ida (PAM).	TÉCNICAS E INSTRUMENTOS DE RECOLHA DE DADOS: As principais técnicas utilizadas foram a amostragem de pedreiras. Os instrumentos a utilizar serão equipamentos de laboratório de mecânica dos solos.
			PROCESSAMENTO DA INFORMAÇÃO
			Uma vez efectuada a amostragem, serão realizados ensaios laboratoriais como a granulometria, a determinação dos limites de atterberg, a classificação AASTHO e SUCS, o ensaio Proctor Modificado e o ensaio CBR.
			TÉCNICA E ANÁLISE DE DADOS:
			Os dados da investigação serão processados e analisados sob a forma de distribuição de frequências e representações gráficas.

Printed by Books on Demand GmbH, Norderstedt / Germany